DÉPÔT LÉGAL
Calvados
N° 29.
1867.

NOTE

SUR QUELQUES

DIATOMÉES MARINES

RARES OU PEU CONNUES

DU LITTORAL DE CHERBOURG

PAR

M. Alphonse de BRÉBISSON

BIBLIOTHÈQUE IMPÉRIALE

Extrait des *Mémoires de la Société impériale des Sciences naturelles de Cherbourg*. (Tome II, 1854.)

DEUXIÈME ÉDITION

Avec Additions et Corrections

PARIS
F. SAVY, LIBRAIRE-ÉDITEUR
Rue Hautefeuille, 24

1867

L'intérêt toujours croissant qui, depuis quelques années, s'attache à l'étude des Diatomées et le trop petit nombre d'exemplaires tirés à part de cette note sont cause qu'elle a été fréquemment l'objet de demandes qui n'ont pu être satisfaites. Ces désirs, trop honorables sans doute, me déterminent à donner une réimpression de ce petit travail, exactement conforme à sa première publication. Les corrections et additions dont j'ai cru devoir la faire suivre pourront lui donner le caractère d'une seconde édition.

FÉVRIER 1867.

NOTE

SUR QUELQUES

DIATOMÉES MARINES

RARES OU PEU CONNUES

DU LITTORAL DE CHERBOURG

Les Diatomées ou Bacillariées, ces êtres dont le microscope seul peut nous révéler la structure délicate, habitent en grand nombre la mer et les eaux douces. Plusieurs auteurs les ont placées sur la limite extrême du règne animal, au degré le plus inférieur de la série des animaux, peut-être plus par ignorance de leur vraie nature qu'à cause de la simplicité de leur organisation. Douées, la plupart, d'un mouvement de locomotion assez vif, se dirigeant en tous sens, les Diatomées ont paru à plusieurs micrographes devoir être rangées parmi les infusoires dont elles ont les habitudes, et de nombreux caractères, que je n'ai pas à discuter ici, me porteraient à les en rapprocher. Elles ont été aussi classées parmi les Algues par divers auteurs. Plusieurs Diatomées, et principalement les espèces filamenteuses, ont un aspect qui semble autoriser ce rapprochement. Leurs frustules disposés en séries rappellent les filaments articulés de quelques Confervées, mais la différence est totale dans la matière de l'enveloppe et de l'endochrome.

Les Diatomées présentent des frustules rigides, formés par une enveloppe *(test, carapace)* siliceuse, diaphane, se divisant en deux parties emboîtées par leurs bords ; c'est une sorte de coquille bivalve qui renferme un endochrome de couleur brune ou jaunâtre.

J'espère qu'on voudra bien excuser ces détails qui, quoique assez longs, seraient très-incomplets s'ils devaient servir à une histoire des Diatomées, travail que je n'ai pas la prétention d'entreprendre dans cette circonstance ; je m'efforcerai d'abréger ces observations préliminaires autant qu'il me sera possible, bien qu'elles me soient nécessaires pour arriver au but de cette note.

La matière siliceuse des carapaces des Diatomées les rend presque indestructibles. Les enveloppes peuvent résister non seulement à l'action prolongée des eaux et à la décomposition putride propre aux matières organiques, mais encore à la plupart des acides et à la calcination. Aussi ne faut-il pas s'étonner si l'on trouve sur presque tous les points du globe des amas considérables de Diatomées à l'état fossile ; ce sont plutôt des dépôts conservés en couches plus ou moins puissantes dans des points qui ont été couverts d'eau douce ou salée dans les temps les plus reculés. Les eaux devaient alors être peuplées en immense quantité de ces êtres microscopiques, comme on peut le voir par ces dépôts dont je viens de parler et dont quelques-uns ont parfois plusieurs mètres d'épaisseur sur une très-grande étendue. Lorsqu'on vient à penser que ces terrains, que ces roches même, sont entièrement composées de Diatomées dont les plus grandes atteignent à peine la longueur de huit à dix centièmes de millimètre!... Il semble plus facile de compter les grains de sable que renferme la mer.....

On connaît de ces couches de Diatomées fossiles, soit marines, soit fluviatiles, sur plusieurs points des États-Unis explorés avec tant de soin par M. Bailey, en Allemagne, en Laponie, en Toscane, en France, en Angleterre, etc. Beaucoup de *tripolis* ou de *farines fossiles* n'ont pas d'autre origine. La finesse de leur texture, résultat de l'agglomération de ces êtres si ténus, et la qualité âpre de la silice rendent ces terres très-propres à polir les métaux.

Il est très-remarquable que beaucoup des espèces qui entrent dans la composition de ces terrains se trouvent être les mêmes sur les points les plus éloignés de la terre, lorsque leur station primitive a été de même nature, c'est-à-dire marine ou fluviatile. Des faits analogues, qui prouvent la dispersion générale de ces petits êtres, se présentent de nos jours pour les espèces vivantes dans des parties opposées du globe.

Le guano, cet engrais que l'on retire d'amas anciens d'excréments d'oiseaux aquatiques, renferme beaucoup de Diatomées ayant les formes les plus élégantes. Leurs carapaces ont donc résisté au pouvoir dissolvant des sucs gastriques de l'estomac de ces oiseaux et même à celui des poissons qui leur ont servi de proie, ainsi qu'à la fermentation de ces matières azotées. Dans le guano et dans les dépôts anciens de Diatomées marines, tels que ceux des Bermudes, de la Vera-Cruz, on a reconnu depuis longtemps des formes curieuses appartenant principalement aux genres *Coscinodiscus, Campylodiscus, Arachnodiscus, Actinocyclus, Eupodiscus, Triceratium,* etc. Un grand nombre de ces espèces nous semblaient être étrangères à nos mers ou ne plus exister qu'à l'état fossile.

Les Diatomées marines ont été naturellement étudiées les premières. Elles sont les plus apparentes, et, à certaines époques de l'année, elles croissent en abondance sur les Algues filamenteuses. Les Ectocarpes, les Céramiées, les Confervées, etc, en sont tellement chargées qu'elles font le désespoir des Algologues collecteurs qui, après avoir préparé avec soin sur papier le produit de leurs récoltes, sont tout étonnés, au moment de la dessication, de trouver la plante qu'ils ont voulu conserver dissimulée sous un enduit grisâtre de Diatomées, objet de leur dédain.

Pour le *Diatomophile,* il en est tout autrement. Il admire les *Rhipidophora* aux pédicelles rameux portant des groupes de frustules élégants en forme de coin, les *Licmophora* aux éventails gracieux, les faisceaux rayonnants des *Synedra,* les étendards des *Achnanthes,* les chaînettes en zigzag des *Rhabdonema,* des *Striatella* à l'endochrome doré, et des *Grammatophora* dont les frustules semblent porter une inscription arabe, etc., etc. Rien n'est plus varié, plus capricieux que les dessins de ces innombrables corpuscules, toujours réguliers toutefois, toujours symétriques.

On comprendra facilement que ces êtres si fragiles, si délicats ont besoin, pour résister aux mouvements tumultueux des milieux qu'ils habitent, d'être fixés aux plantes sur lesquelles ils croissent ordinairement par des bases, des pédicelles flexibles, mais assez consistants. Les espèces libres, pour ne pas être entraînées par les vagues, doivent avoir une autre station. Aussi celles-ci sont-elles moins connues, parce qu'on a ignoré longtemps où étaient leurs retraites cachées.

Il n'est pas douteux que la rareté présumée de plusieurs de ces Diatomées, tient à ce qu'on ne les a pas recherchées dans les lieux où elles vivent le plus habituellement. Au moment où j'écrivais ces lignes, j'ai lu, dans une des dernières livraisons des *Transactions of the Microscopical Society* de Londres, un mémoire de M. Roper sur les Diatomées de la Tamise, où j'ai vu que cet observateur a trouvé dans les sables vaseux de ce fleuve, en se rapprochant de son embouchure, une assez grande quantité des espèces du littoral de Cherbourg.

L'hiver dernier, M. Thuret, herborisant avec M. Bornet sur les rochers sous-marins du Hommet, rapporta de cette excursion des touffes de *Lyngbya majuscula,* Harv., qui conservaient à leur base des traces du sable vaseux dans lequel elles avaient cru. En examinant cette plante au microscope, M. Thuret remarqua que ce sable était rempli de Diatomées très-curieuses et des plus rares, dont il se rappela avoir vu quelques-unes dans le guano qu'il avait reçu de l'habile préparateur, M. Bourgogne. Il eut l'obligeance de me communiquer sa récolte, dans laquelle, après bien des heures d'un examen souvent répété, je suis parvenu à reconnaître au moins une centaine d'espèces dont quelques-unes me semblent nouvelles. Nous les avons plus tard retrouvées ensemble sur ces mêmes rochers du Hommet parmi les touffes d'une petite Calothrichée gazonnante. J'avais déjà, depuis deux ans environ, reconnu, dans les sables de Dives et d'Arromanches, plusieurs de ces Diatomées disciformes que nous rencontrons très-rarement. M. W. Smith, le célèbre auteur du *Synopsis of the British Diatomaceæ*, en indique plusieurs dans l'estomac d'un Pétoncle, coquille bivalve peu commune sur nos côtes, et M. Bornet en a trouvé également dans l'estomac ou les intestins de plusieurs coquille univalves appartenant aux genres *Trochus, Purpura* et *Turbo.*

Pour faciliter l'étude de ces Diatomées engagées dans le sable, il est bon de les soumettre quelques instants à l'ébullition dans l'acide azotique qui détruit les débris de coquilles et les autres parties calcaires entrant dans la composition de ce sable. Il faut ensuite, par des lavages successifs dans l'eau douce, fait disparaître toute trace d'acide, faire sécher le dépôt et le préparer dans le baume du Canada entre des lames de verre ou de mica. Le baume, en rendant transparents les grains de sable qui ont résisté à l'acide, permet de voir facilement les Diatomées qui s'y trouvent mélangées.

M. Thuret, pensant que la liste de ces Diatomées pourrait avoir quelque intérêt, m'a engagé à la donner ici. Cédant à son désir, je vais présenter la série des noms des espèces que j'ai observées ; je la ferai suivre de remarques sur plusieurs d'entre elles et de descriptions succinctes de celles que je crois nouvelles. J'ai essayé de reproduire celles-ci par un dessin assez imparfait. J'ai précédé leur nom d'un astérisque dans la liste ci-dessous, où j'ai suivi la classification de M. Kützing dans son *Species Algarum*.

EPITHEMIA *Sorex*, Kg.
Westermanni, (Ehrenb.) Kg.
FRAGILARIA *striatula*, Lyngb.
DIATOMA *vitreum*, Kg.
hyalinum, Kg.
PYXIDICULA *major*, Kg.
minor, Kg.
PODOSIRA *Montagnei*, Kg.
hormoides, (Mont.) Kg.
maculata, W. Smith.
ORTHOSIRA *marina*, W. Sm.
MELOSIRA *salina*, Kg.
moniliformis, Ag.
sulcata, (Ehrb.) Kg.
CAMPYLODISCUS **limbatus*, Bréb.

CAMPYLODISCUS * *decorus*, Bréb.
* *Thuretii*, Bréb.
Hodgsonii, W. Sm.
Ralfsii, W. Sm.
parvulus, W. Sm.
bicostatus, W. Sm. *in* Roper.
SURIRELLA *lata*, W. Sm.
fastuosa, Ehrb.
NITZSCHIA *spectabilis*, W. Sm.
Sigma, (Kg) W. Sm.
angularis, W. Sm.
parvula, W. Sm.
dubia, Var. *constricta*, W. Sm.
SYNEDRA *superba*, Kg.
Gallionii, Ehrb.
tabulata, Kg.
TRYBLIONELLA *marginata*, W. Sm.
angustata, W. Sm.
punctata, W. Sm.
RHAPHONEIS *gemmifera*, Ehrb.
pretiosa, Ehrb.
COCCONEIS *Grevillii*, W. Sm.
diaphana, W. Sm.
— Var. *cruciata*.
Adriatica, Kg.
Scutellum, Ehrb.
ACHNANTHES *longipes*, Ag.
subsessilis, Kg.
salina, Kg.
NAVICULA *didyma*, (Ehrb.) Kg.
— Var.
* *Pandura*, Bréb.
Smithii, Bréb.

NAVICULA *punctulata*, W. Sm.
convexa, W. Sm.
Liber, W. Sm.
directa, (W. Sm.) Bréb.
distans, (W. Sm.) Bréb.
Cyprinus, (Ehrb.) Kg.
peregrina, (Ehrb.) Kg.
phyllepta, Kg.
* *apiculata*, Bréb.
* *retusa*, Bréb.
PLEUROSIGMA *formosum*, W. Sm.
decorum, W. Sm.
strigosum, W. Sm.
Strigilis, W. Sm.
quadratum, W. Sm.
Æstuarii, (Bréb.) W. Sm.
distortum, W. Sm.
* *naviculaceum*, Bréb.
delicatulum, W. Sm.
Balticum, (Ehrb.) W. Sm.
rigidum, W. Sm.
Nubecula, W. Sm.
littorale, W. Sm.
prolongatum, W. Sm.
AMPHIPLEURA *rigida*, Kg.
STAURONEIS *pulchella*, W. Sm.
AMPHIPRORA *alata*, (Ehrb.) Kg.
Kützingii, Bréb.
constricta, Kg.
AMPHORA *lineolata*, Ehrb.
striolata, W. Sm.
* *sulcata*, Bréb.
salina, W. Sm.

AMPHORA *hyalina*, Kg.
acutiuscula, Kg.
borealis, Kg.
STRIATELLA *unipunctata*, (Lgb.) Kg.
HYALOSIRA *rectangula*, Kg.
RHABDONEMA *Adriaticum*, Kg.
arcuatum, (Lyngb.) Kg.
minutum, Kg.
GRAMMATOPHORA *serpentina*, Kg.
marina, (Lyngb.) Kg.
COSCINODICUS *marginatus*, Ehrb.
radiatus, Ehrb.
eccentricus, Ehrb.
lineatus, Ehrb.
minor, Ehrb.
ACTINOCYCLUS *undulatus*, Kg.
? ACTINOPTYCHUS *senarius*, Ehrb.
AMPHITETRAS *antediluviana*, Ehrb.
EUPODISCUS *Ralfsii*, W. Sm.
fulvus, W. Sm.
crassus, W. Sm.
* *tenellus*, Bréb.
ISTHMIA *enervis*, Ehrb.
ODONTELLA *aurita*, (Lyngb.) Ag.
BIDDULPHIA *pulchella*, Gray.
ZYGOCEROS *Surirella*, Ehrb.
TRICERATIUM *alternans*, W. Sm.

DICTYOCHA *Speculum*, Ehrb.
gracilis, Kg.
Fibula, Ehrb.

EPITHEMIA *Sorex*, Kütz. Bacill. Tab. V. f. XII; W. Smith Diat. Pl. I. 9; et EPITHEMIA *Westermanni*, (Ehrb.) Kütz.; W. Sm. l. c. Pl. I. 11. — C'est un fait assez rare que ces deux espèces, indiquées d'abord dans les eaux douces, se retrouvent dans la mer. Il avait été déjà observé par M. W. Smith.

FRAGILARIA *striatula*, Lyngb. T. 63.— *Grammonema striatula*, Ag. Consp. Diat. P. 63. — Il est difficile de comprendre quelles raisons ont pu porter M. Kützing à ne pas admettre dans ses Diatomées cette espèce si bien caractérisée. A la vérité, elle présente une flexibilité peu commune dans cette tribu, mais qui pourtant se retrouve dans d'autres Diatomées.

DIATOMA *vitreum*, Kg. T. XVII. f. XIX; et DIAT. *hyalinum*, Kg. Tab. XVII. f. XX. — Je cite ici ces deux espèces, en faisant observer que les différences qui les distinguent me semblent bien légères et ne sont probablement dues qu'à des âges inégaux.

PODOSIRA *hormoides*, (Mont.) Kg. Tab. XXVIII et XXIX. — *Meloseira hormoides*, Montagne, Fl. Bol. P. 2. — M. Thuret a remarqué que le test de cette espèce, vu au microscope avec l'éclairage oblique, présente une série des plus élégantes de stries excentriques très fines.

CAMPYLODISCUS *limbatus*, Bréb. Mss. — *C. orbicularis, limbo striato disco oblongo punctulato, medio sensim lævi, granulis in oppositis finibus præsertim seriatis.* Fig. 1.—Cette belle espèce a un bord finement strié ou plutôt cannelé. Le disque, à peu près nu au centre, est granulé vers le bord, et ces ponctuations se montrent disposées en séries surtout aux deux extrémités de son grand axe. Elle se distingue du *Campyl.*

Horologium, W. Sm., par ses cannelures plus fines et son disque granulé.

Campylodiscus *decorus*, Bréb. Mss. — *C. orbicularis, radiis longis, arcuatis, ordine simplici, area media lanceolata angusta lœvi.* Fig. 2. — Cette espèce est fort élégante et très-rare. Ses cannelures sont, à l'exception d'une ou deux centrales, toutes arquées vers les sommets.

Campylodiscus *Thuretii*, Bréb. Mss. — *C. orbicularis radiis dispositis in lato margine et ordine duplici, interioribus brevibus, area media oblongo lanceolata, transverse striolata, linea media subtili.* Fig. 3. — Ce *Campylodiscus* a des rapports avec le *Camp. Hodgsonii*, mais il est toujours plus grand dans toutes ses parties ; son centre est strié transversalement et plus large.

Tryblionella *punctata*, W. Sm. Brit. Diat., p. 36, T. X, 76 et T. XXX, 261. — Les individus que j'ai examinés ont presque toujours les sommets un peu plus longuement apiculés que ceux figurés par M. W. Smith. Peut-être est-ce une variété?

Rhaphoneis. — J'ai aperçu un fragment d'une espèce de ce genre qui montrait une portion de frustule très-allongé et chargé d'un double rang de lignes granulées alternes, mais trop incomplet pour oser en faire une espèce nouvelle.

Cocconeis *Grevillii*, W. Sm. l. c. p. 22, T. III, f. 35. — Ce *Cocconeis*, que j'ai trouvé, il y a déjà un certain nombre d'années, sur les côtes du Calvados, présente deux valves tout à fait dissemblables qui, lorsqu'on les voit séparément, semblent appartenir à deux espèces différentes. C'est ici le cas de rappeler cette disposition fréquente dans les Diatomées disciformes et qui peut devenir la cause de nombreuses erreurs. Quand on examine les deux valves réunies et que celles-ci sont chargées d'un dessin différent, celui qu'elles présentent, par l'effet de leur transparence et de leur rapprochement, est une combinaison particulière qu'on peut trouver différer totalement de celui de chaque valve séparée et qui pourrait faire croire à trois espèces, si l'on a négligé d'examiner séparément et en même temps les deux valves de la carapace.

COCCONEIS *diaphana*, W. Sm. l. c. p. 22, T. XXX, 254. — Cette espèce présente une variété *cruciata* aussi commune que le type et qui s'en distingue par un enfoncement transversal sur l'ombilic qui offre alors au centre du frustule un dessin cruciforme.

COCCONEIS *Adriatica*, Kg. Bacill. T. V, f. VI. 2-9. — Je rapporte ici un individu beaucoup plus grand que ceux figurés dans la planche citée dans Kützing, et à stries plus nombreuses. Toutefois, je ne pense pas que cette différence de proportions puisse amener une distinction spécifique.

NAVICULA. — Ce genre, créé par Bory Saint-Vincent, a été divisé en deux autres genres par M. Ehrenberg. — 1° *Navicula*, pour les espèces à test lisse ; 2° *Pinnularia*, pour celles à surface striée. Cette distinction, qui n'a pas été admise par M. Kützing, est souvent difficile à reconnaître, surtout dans les petits individus. Dernièrement, le Rév. M. William Smith, dans son excellent travail sur les Diatomées de l'Angleterre, a repris ces deux genres en faisant entrer dans les *Navicula* les espèces à stries granulées et dans les *Pinnularia* celles à stries lisses. M. Ehrenberg n'avait point envisagé ces deux coupes de cette manière; il y a même lieu de penser qu'il les eût établies contradictoirement, si les nouveaux moyens d'éclairage du microscope, inconnus lors de ses premières observations, étaient venus lui faire voir plus complétement la vraie structure des frustules des *Navicula*. Je ne crois pas que ces distinctions de stries lisses ou granulées suffisent pour établir des caractères génériques. S'il en était ainsi, combien d'autres genres de Diatomées devraient être divisés!

Navicula *didyma,* (Ehrb.) Kg. T. IV, f. vii, et T. XXVIII, f. lxxv. W. Sm. l. c. T. XVII, 154. — *Pinnularia didyma* Ehrb. Amer. T. II, iv. 5. On trouve principalement une forme très-étranglée au milieu, qui se rapporte propablement au *Pinnularia Apis,* Ehrb. Am. T. III. iv. 3.

Navicula *Pandura,* Bréb. Mss. — *N. major, panduræformis, striata, a latere secundario lanceolata, media in duas partes ellipticas constricta, apicibus obtusis, striis lævibus.* Fig. 4. — Cette espèce a des rapports de forme avec la variété *Apis* du *Nav. didyma,* mais elle est beaucoup plus grande, plus allongée et a des stries profondes et lisses.

Navicula *Smithii,* Bréb. Mss. — *Nav. elliptica,* W. Sm. T. XVII. 152. — *Non* Kützing. — Il est fâcheux que M. W. Smith ait donné le nom de *Nav. elliptica* à un *Navicula* marin, lorsque ce nom avait été donné par M. Kützing dans ses Bacillariées et dans son *Species* à une espèce d'eau douce que M. Smith appelle *N. ovalis.* Pour éviter la confusion qu'amèneraient ces changements de nonclamenture non justifiés, je crois devoir dédier l'espèce marine à M. W. Smith qui l'a découverte et figurée le premier. Je profiterai de cette occasion pour ajouter que mon *Navicula Parmula* Bréb. *in* Kg. Spec. doit être rapporté au *Navicula elliptica* Kg., ainsi que le *Nav. ovalis*, W. Sm., comme je viens de le dire.

Navicula *tumida*, Bréb. *in* Kg. Spec. P. 77, *Non* W. Smith. — *Nav. Jennerii*, W. Sm. l. c. T. XVI, f. 134. — Je comprends que M. Smith, ne connaissant mon *N. tumida* que par la description tronquée du *Species* de M. Kützing, n'ait pas cru devoir y rapporter son *N. Jennerii*; mais je regrette qu'il ait choisi cette épithète, *tumida*, pour l'attribuer, comme nom spécifique, à une espèce d'eau douce. Il est si facile, en créant une espèce, d'éviter cette source d'erreurs qu'il est souvent impossible de détruire et qui rendent l'établissement de la synonymie un travail des plus fastidieux.

Navicula *apiculata*, Bréb. Mss. — *N. striata, anguste lineari-lanceolata, apicibus acutis subproductis, striis validis,* Fig. 5. — Vu de côté, le frustule se termine en deux pointes allongées, apiculées; les stries sont assez fortes, peu obliques, lisses ou un peu ponctuées au fond.

Navicula *retusa*, Bréb. Mss. — *N. striata, a latere primario depressa, quadrata, angulis retusis, marginibus lateralibus striatis; a latere secundario lineari-lanceolata, apicibus rotundatis.* Fig. 6. — Cette espèce dont le frustule est comprimé et les bords assez largement striés, rappelle la forme de certains *Himantidium*. Je l'ai trouvée aussi dans les sables marins de Dives avec deux autres espèces qui s'en rapprochent par leurs frustules comprimés à bords striés, et qui devront former, sinon un genre nouveau, au moins une section bien tranchée dans les *Navicula*.

Pleurosigma, W. Smith. — *Gyrosigma*. Hassall. — Peut-être ce dernier nom de genre n'était-il pas bien convenable selon les lois de la nomenclature; dans tous les cas, il est certain que, malgré son droit de priorité, il est à peu près généralement abandonné, comme cela arrive promptement pour les puissances déchues. D'ailleurs, on est d'autant moins disposé à reprocher ce changement de nom à M. W. Smith, que le soin tout monographique qu'il a apporté à l'étude des nombreuses espèces de *Pleurosigma* qu'il a découvertes, en fait un genre tout à lui.

Pleurosigma *decorum*, W. Smith l. c. T. XXXI, 196. — J'ai trouvé une forme de cette belle espèce, très large et très courte, n'ayant pas en longueur plus de cinq à six fois sa largeur.

Pleurosigma *naviculaceum*, Bréb. Mss. — *P. a latere secundario lanceolatum, rectum, in apices obtusiusculos fere rectos sensim attenuatum; linea media sigmoidea*. Fig. 7. — Cette espèce, vue sur le côté, ressemble beaucoup à un *Navicula* par sa forme lancéolée, droite. Ses sommets seulement sont allongés et légèrement dirigés chacun dans un sens opposé, bien indiqué par la ligne médiane dont la disposition sigmoïde est prononcée. Le test couvert de lignes fines, croisées, visibles par l'éclairage oblique, surtout à un grossissement de quatre à six cents diamètres, ne permet pas de douter que ce soit un véritable *Pleurosigma*.

Stauroneis *pulchella*, W. Smith. l. c. T. XIX. 194. — Cette diatomée varie beaucoup quant à la taille; lorsqu'elle atteint ses plus grandes dimensions, elle est étranglée dans son milieu, vue de face, comme dans la fig. *b* de M. W. Smith, ce qui n'a pas lieu dans les individus plus petits.

Amphipleura *rigida*, Kütz. Bac. T. VI, f. xxx. — *Amphipleura sigmoides*, W. Smith, l. c. Tab. XV. 128. — Le nom donné par M. W. Smith est certainement celui qui convient le mieux à cette espèce; mais le premier a un titre de priorité qui doit être respecté.

Amphiprora *Kützingii*, Bréb. *in* Kütz. Spec. — Je rapporte à cette espèce fort distincte la figure lxiii, 2. du Tab. III des *Bacillarien* de M. Kützing. Elle est assez commune dans les parcs d'huîtres de Courseules.

Amphora *sulcata*. Bréb. Mss. — *A. oblongo-elliptica, apicibus truncatis non productis, lineis longitudinalibus validis transverse subtilissime striolatis.* Fig. 8. — Cette espèce ressemble beaucoup à l'*Amphora costata*, W. Sm. Tab. XXX, f. 253; mais ses sommets sont tronqués et non prolongés *(producted)*. J'en ai vu une forme étroite, deux fois plus longue que le type.

Actinocyclus *undulatus*, Kütz. Bac. T. I, f. xxiv. — W. Smith Diat. p. 25. Pl. V. 43. — Voici encore une espèce dont la taille varie à l'infini. Je serais porté à partager l'opinion de M. Roper, qui pense qu'on doit réunir à cette Diatomée l'*Actinoptychus senarius*, Ehrb.

Amphitetras *antediluviana*, Ehrenb. Leb. p. 62. — Kütz. Bacill. T. XIX, fig. 1:1, et Tab. XXIX, fig. lxxxvi. — On rencontre des frustules de cette Diatomée qui, vus sur le côté, ont leurs faces en courbe tellement rentrée qu'ils présentent une coupe quadrilobée.

Eupodiscus *Ralfsii*, W. Smith. Diat. Vol. II. inéd. — Cette belle espèce qui par sa préparation dans le baume, prend des couleurs irisées, sera figurée dans le 2e volume des Diatomées de l'Angleterre, par M. W. Smith.

EUPODISCUS *tenellus*, Bréb. Mss. — *E. minor, disco granuloso, in margine breviter subradiato, granulis disci radiantibus, multis abbreviatis, interruptis, paucis seriebus ad centrum accedentibus, apertura vix distincta.* Fig. 9. — L'ouverture marginale de cette espèce délicate est si peu distincte et se confond tellement avec les granules, qu'il serait permis de douter qu'elle appartint à ce genre, si la structure non celluleuse et la disposition de ses granules n'obligeaient à l'y rapporter.

ODONTELLA *aurita*, (Lyngb.) Ag. Consp. pag. 56. — Kützing Bac. T. XXIX, f. LXXXVIII. — *Diatoma auritum*, Lyngb. Tab. 62. — J'ai reconnu deux formes assez distinctes.

BIDDULPHIA *pulchella*, Gray. Arr. Pl. I, p. 294. — *Diatoma Biddulphianum*, Ag. — Je pense qu'on doit réunir ici les différentes formes ou états de cette espèce qui ont été décrits par M. Kützing sous les noms de *Biddulphia septemlocularis, B. quinquelocularis* et *B. trilocularis.*

DICTYOCHA. — J'inscris ici dans une division à part trois espèces de ce genre que je rapproche des Diatomées, pour me conformer à l'opinion de plusieurs auteurs; mais tout me porte à penser que ces êtres microscopiques seraient mieux placés près des *Arcelles*, des *Euglyphes*, ou de quelques genres voisins.

EXPLICATION DES FIGURES

Fig. 1. — *Campylodiscus limbatus*, Bréb.

Fig. 2. — *Campylodiscus decorus*, Bréb.

Fig. 3. — *Campylodiscus Thuretii*, Bréb.

Fig. 4. — *Navicula Pandura*, Bréb. — Individu de moyenne taille. On en trouve qui atteignent une longueur de 15 centièmes de milimètre.

Fig. 5. — *Navicula apiculata*, Bréb.

Fig. 6. — *Navicula retusa*, Bréb.

Fig. 7. — *Pleurosigma naviculaceum*, Bréb. — Les stries croisées de la carapace sont représentées telles qu'on les voit avec l'éclairage oblique.

Fig. 8. — *Amphora sulcata*, Bréb.

Fig. 9. — *Eupodiscus tenellus*, Bréb.

Toutes les figures de cette planche sont représentées à un même grossissement de 350 diamètres, excepté la fig. 4 qui a été dessinée sous un grossissement de 380 diamètres.

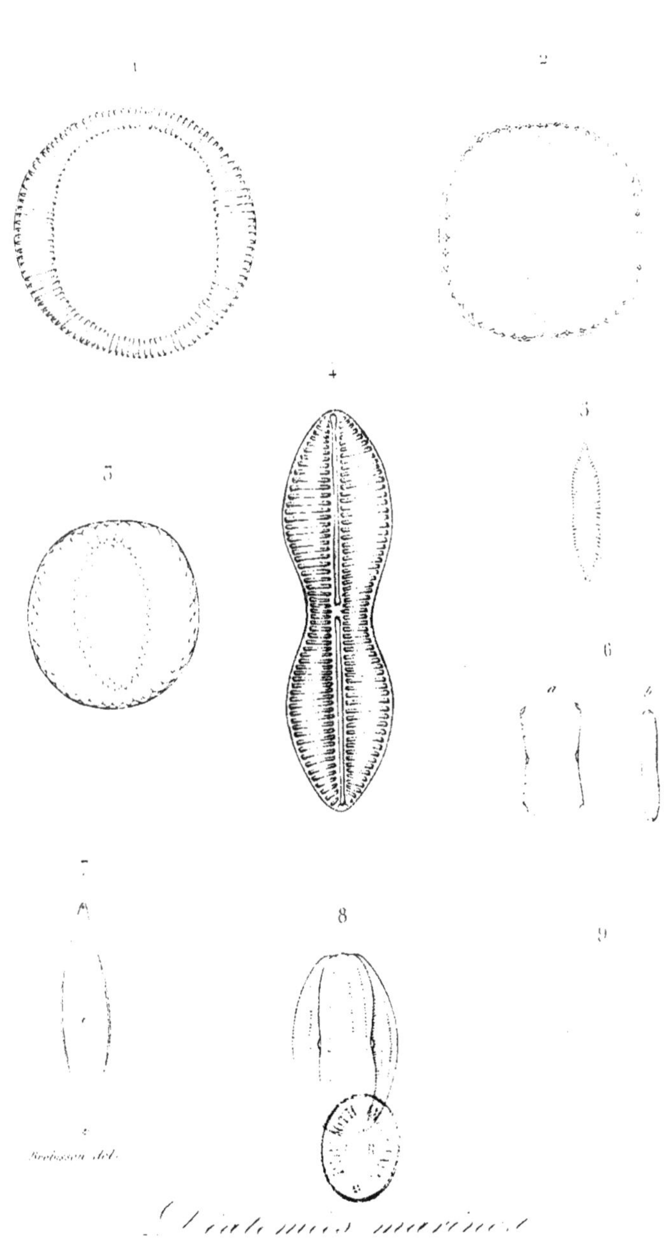

Diatomées marines

REMARQUES ET ADDITIONS

Après avoir donné une réimpression exactement conforme à ma publication de 1854, je vais offrir une liste supplémentaire que j'ai pu dresser à la suite de récoltes ultérieures faites par moi et surtout par M. Bourgogne qui m'a toujours traité avec une telle bienveillance qu'il a constamment mis à ma disposition le produit de ses explorations avant de l'avoir fait connaître par ses belles préparations si recherchées par tous les micrographes.

Ma première liste devra subir quelques modifications.

L'*Orthosira marina* W. Sm., ne différant pas du *Melosira sulcata* Kg. doit lui être réuni.

Le *Campylodiscus decorus*, Bréb. est probablement une variété du *C. Ralfsii*, W. Sm. et quelques micrographes pensent que le *C. Thuretii* et le *C. simulans* de Gregory sont une forme du *Surirella fastuosa* Ehr.

La figure 4 de la planche se rapporte à la var. *elongata* du *Navicula Pandura*. Cette espèce a certainement les stries lisses, mais les sillons intermédiaires étant souvent un peu granuleux, on a pu croire les stries ponctuées si l'on employait de faibles grossissements pour l'examen des valves.

Pleurosigma Naviculaceum, Fig. 7, doit porter le nom de *P. transversale*, W. Sm. par droit d'antériorité.

L'*Eupodiscus tenellus*, Fig. 9, pourrait bien être un *Coscinodiscus* voisin du *C. nitidus*, W. Greg.

L'*Actinocyclus undulatus* de la liste est la même Diatomée que la suivante, c'est l'*Actinoptychus senarius*, Ehrb.

On a pu être étonné de ne remarquer dans mon Catalogue aucune des espèces nombreuses appartenant aux genres *Licmophora, Rhipidophora* et *Podosphenia*, qui cependant abondent sur les algues de ce littoral. Cette absence tient à ce que cette liste avait été le résultat de l'examen de préparations au baume ou à sec dont les Diatomées avaient été soumises à l'ébullition dans l'acide azotique. Cette opération, si efficace pour nettoyer les carapaces des Diatomées, est sans danger avec les espèces très-siliceuses, mais elle doit être abandonnée avec celles des genres marins cités plus haut dont les enveloppes, pauvres en silice, ne peuvent résister aux lavages dans un acide bouillant.

LISTE SUPPLÉMENTAIRE.

FRAGILARIA *pusilla*, Kg.
NITZSCHIA *virgata*, Rop.
scalaris, W. Sm.
spathulata, Bréb.
SYNEDRA *fulgens*, Grev.
affinis, Kg.
TRYBLIONELLA *constricta*, Greg.
apiculata, Greg.
COCCONEIS *pseudomarginata*, Greg.
major, Greg.
Morrisii, W. Sm.
binotata, Grun.
dirupta, Greg.
NAVICULA *clepsydra*, Donk.
Lyra, Ehrb. et var.
Barclayana, Greg.

NAVICULA *elegans*, W. Sm.
Hennedyi, W. Sm.
prætexta, Ehrb.
nitida, Greg.
Northumbrica, Donk.
Trevelyana, Donk.
truncata, Donk. non Kg.
arenaria, Donk.
STAURONEIS *Salina*, W. Sm.
PLEUROSIGMA *Wansbeckii*, Donk.
DONKINIA *compacta*, Grev.
minuta, Ralfs.
AMPHIPRORA *complexa*, Greg.
AMPHORA *arenaria*, Donk.
lineata, Greg.
LICMOPHORA *splendida*, Grav, non Sm.
flabellata, Ag. Kg.
PODOSPHENIA *Lyngbyei*, Kg.
gracilis, Kg,
Ehrenbergii, Kg.
RHIPIDOPHORA *Dalmatica*, Kg.
tenella, Kg.
GRAMMATOPHORA *macilenta*, W. Sm.
COSCINODISCUS *centralis*, Ehrb.
? ovalis, Rop.
EUPODISCUS *subtilis*, Greg.
Argus, Ehr.
AULISCUS *sculptus*, Ralfs.
TRICERATIUM *Favus*, Ehrb.

Le *Navicula Barclayana* est probablement une variété allongée du *Nav. palpebralis*.

Le *Nav. retusa* de ma première liste renfermait le *Nav. truncata* de M. Donkin, comme une simple forme plus allongée. Si on le considère comme une espèce distincte, son nom devra être changé, car M. Kützing a décrit et figuré dans ses Bacillariées, Tab. III, fig. XXXIV, et Tab. V, fig. IV. un *Nav. truncata* qui est une espèce d'eau douce complétement différente.

Le *Coscinodiscus? ovalis*, Rop., que j'ai trouvé en petit nombre sur la plage des Flamands, et que M. le docteur Lebel a recueilli en abondance à Carteret, ne doit pas appartenir au genre *Coscinodiscus* dont il n'a pas la texture aréolée. Sa place est nécessairement très-voisine de l'*Eupodiscus subtilis*, Greg. Il présente la même disposition de séries de granules rayonnantes, la même consistance et la même couleur dans ses valves, dont les bords offrent également une rangée d'appendices *(processus)* tubulés et claviformes. Il n'en diffère que par sa forme ovalaire et par l'absence de pseudonodule. M. G. Norman, ayant décrit une autre espèce sous le nom d'*Eupodiscus ovalis*, (Transactions of Microscopical Society, Vol. I, N. S. Pl. II, fig. VI), on pourrait nommer *Eupodiscus Roperii* celle que M. Roper a le premier fait connaître et qu'il a placée avec doute dans le genre *Coscinodiscus*. Dès 1852, je l'avais découvert à Dives et communiqué à M. W. Smith.

FÉVRIER 1867.

Falaise, typ. Trolonge.

www.ingramcontent.com/pod-product-compliance
Ingram Content Group UK Ltd.
Pitfield, Milton Keynes, MK11 3LW, UK
UKHW022148260726
13993UKWH00005B/2242